自然界的偉大科學家

從STEM看動植物的生存技能

作者：史提夫·摩爾
插圖：約翰·德沃勒

新雅文化事業有限公司
www.sunya.com.hk

新雅·知識館

自然界的偉大科學家
從STEM看動植物的生存技能

作者：史提夫·摩爾（Steve Mould）
插圖：約翰·德沃勒（John Devolle）
翻譯：王燕參
責任編輯：劉紀均
美術設計：鄭雅玲
出版：新雅文化事業有限公司
香港英皇道499號北角工業大廈18樓
電話：(852) 2138 7998
傳真：(852) 2597 4003
網址：http://www.sunya.com.hk
電郵：marketing@sunya.com.hk
發行：香港聯合書刊物流有限公司
香港荃灣德士古道220-248號荃灣工業中心16樓
電話：(852) 2150 2100
傳真：(852) 2407 3062
電郵：info@suplogistics.com.hk
版次：二〇二〇年十二月初版

ISBN:978-962-08-7609-7
Original Title: Wild Scientists
Copyright © Dorling Kindersley Limited, 2020
A Penguin Random House Company
Text Copyright © Steve Mould, 2020

Traditional Chinese Edition © 2020
Sun Ya Publications (HK) Ltd.
18/F, North Point Industrial Building,
499 King's Road, Hong Kong
Published in Hong Kong
Printed in China

For the curious
www.dk.com

目錄

4　作者的話
6　科學家大檢閱

物理學家

8　五顏六色的交流
10　水上滑行的絕技
12　大自然的天文學家
14　重拳出擊
16　靠聽覺看見萬物
18　摺紙高手
20　黏液有妙用
22　具保護性的表面

化學家

24　斑點還是條紋？
26　臭氣沖天
28　最強膠水
30　螫人噴霧

32　防凍專家

34　反光的路面

54　堤壩建築大師

56　追蹤太陽的電板

生物學家

36　遙距控制

38　喪屍蝸牛

40　螞蟻農夫

42　植物教授

44　辣的感覺

46　降噪的子彈火車

數學家

58　六面的多邊形

60　會數數的蟬

62　殺手機關

64　向日葵序列

66　讓水流走的物料

68　詞彙表

72　鳴謝

工程師

48　織網好手

50　內置齒輪

52　巢穴設計師

發明家

作者的話

　　你的身體是一台機器，而且是一台很奇妙的機器！裏面裝滿了槓桿、鉸鏈，甚至在你的膝部還有幾個滑輪。就像人類一樣，動物解決了很多棘手的工程問題，例如怎樣快速奔跑、怎樣直立平衡、怎樣跳躍等。

史蒂夫·摩爾

　　然而，在自然界中充滿了更多有關巧妙解決技術問題的例子。雖然其中有些例子很怪異，有些也很可怕，但是它們全部都是透過一個叫做演化的過程，經歷了數百萬年的反覆試驗而被發現。

　　這本書集合了自然界中最聰明的物理學家、化學家、生物學家、工程師，還有數學家，一起來認識這些大自然中的科學家吧！

物理是一切關於控制着我們周圍世界的能量和力量。蝙蝠找到昆蟲來吃的方法與聲能有關,變色龍則掌握了光能的原理來改變自己身體的顏色。

物理學家

工程師是技術精湛的建築專家。你會在此章節中認識到一些技藝高超的建築師,從築壩能手河狸,到織網專家蜘蛛,你還會發現能夠利用自己體內的機械齒輪來跳躍的昆蟲。

工程師

科學家大檢閱

大自然的生物學家對其周圍的動植物都有驚人的了解。現在就來認識一下鼠兔植物學家吧,牠們知道保存的植物什麼時候適合食用;還有只對某些動物來說是好吃的辣椒。

生物學家

你可能認為人類是唯一懂得數學的生物，但是原來動物，甚至植物也懂得運用數學原理！從蜜蜂的家到向日葵的螺旋形排列，你會發現這些動植物是怎樣運用數學解決自然界中棘手的問題。

數學家

化學家專門處理化學物品，以及化學物品之間的化學反應，爆炸、強力膠和特殊氣味只是你在這個章節中會認識到的其中一些化學技能，但其實連斑馬身上的條紋也是由化學反應造成的。

本書拆分為不同章節，涵蓋了物理、化學、生物、工程和數學，你將會認識到每個範疇的動物專家和植物專家，也會了解到人類是怎樣模仿這些專家的專長！

化學家

發明家

有時我們會發現一些動植物做的事情太奇妙了，我們只需模仿這些動植物就可以，這稱為仿生。在每個章節的最後，你都會看到一個人類受到自然界啟發的發明例子。

五顏六色的交流

七彩變色龍

變色龍在放鬆的狀態下通常是綠色的，這有助牠們在樹上隱藏自己。

變色龍

有時候變色龍會在爭奪領土上發生衝突。在牠們捲入可能會受傷的打鬥前，牠們會向對方展示自己身上的顏色：鮮豔的顏色通常示意攻擊，而暗淡的顏色則表示「我放棄」。

不同的變色龍可能有不同的條紋顏色。這隻變色龍有紅色的條紋，右邊的變色龍有藍色的條紋。

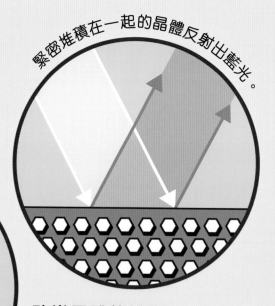

緊密堆積在一起的晶體反射出藍光。

間隔鬆散的晶體反射出紅光。

改變晶體的排列

變色龍的皮膚含有稱為色素的化學物質，使其可以呈現出不同顏色。此外，變色龍的皮膚裏還有很多稱為鳥嘌呤的微小晶體，變色龍能夠控制這些晶體的排列。在正常的情況下，這些晶體緊密地排列在一起，便會反射出藍光。但是當變色龍把這些晶體散開排列時，晶體便會反射出紅光，從而改變了皮膚的顏色。

變色龍就如其名般擁有變色的能力，你可能聽説過牠們會利用一種稱為偽裝的技能，使自己與周遭的背景融為一體，但其實牠們變色主要是用來互相溝通的！

當雄性變色龍遇上另一隻雄性變色龍時，牠們通常都會變色。

會變色的生物

變色龍並不是唯一能夠改變自己顏色的生物，還有其他動物也能以不同方式改變牠們的外表。

墨魚全身布滿了稱為色素細胞的微小色素囊，每個色素細胞都有自己的肌肉，墨魚利用肌肉來控制色素細胞，以顯示或隱藏自己的顏色。

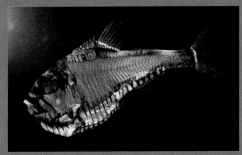

棘銀斧魚住在深海中。牠們的皮膚裏也有鳥嘌呤晶體，但牠們的晶體會使光線向下彎曲，因此這種魚在黑暗中不會發光，令牠們可以躲避獵食者。

水上滑行的絕技

水蝱

水蝱在世界各地都可以找到，牠們生活在池塘的水面。水蝱是肉食性動物，當一隻昆蟲掉進水裏時，昆蟲所濺起的水花會產生漣漪，使牠們察覺到有獵物出現！

水蝱能夠表演一項奇跡般的壯舉，就是在水面上行走。牠們靠水的表面張力來做到這一點。表面張力可以使水變得像彈牀一樣富有彈力。

長滿細毛的腳

水黽的腳上布滿了不會被水沾濕的蠟狀細毛。細毛能把氣泡困住，這些氣泡會排斥水的彈性表面，防止水黽下沉，這有點像在充氣的水泡浮牀上行走一樣。

水黽的腳上布滿了成千上萬的細毛。

水黽

只有體型輕巧的動物才能在水面上行走而不破壞水面。

還有其他動物也能夠利用水的彈性表面，使牠們可以在水面上行走。

釘螺可以沿着水的彈性表面倒掛懸浮着爬行！就好像把水的表面當成天花板一樣。

水蜘蛛會衝出水面捕捉獵物。就像水黽一樣，牠們的腳上長滿了細毛，並利用水的表面張力，使自己保持漂浮的狀態。

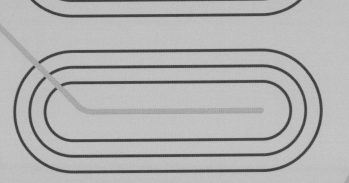

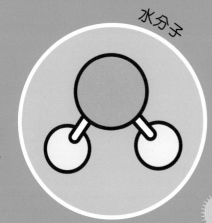

水分子

表面張力

水是由很多微小的分子組成，這些微小的分子會與它們周圍所有其他水分子黏附在一起。由於沒有其他分子位於表面分子的上方，所以它們會與旁邊的分子更牢固地黏附在一起，形成了一層緊實、有彈性的薄膜，造成水的表面張力。

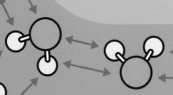

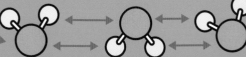

11

大自然的
天文學家

就像天文學家一樣，糞金龜花了很多時間來仰望星空。但是，牠們這樣做是為了一個很特別的原因：糞金龜凝望夜空可以幫助牠們以直線移動，並且能夠緊緊抓住牠們精心收集的糞球！

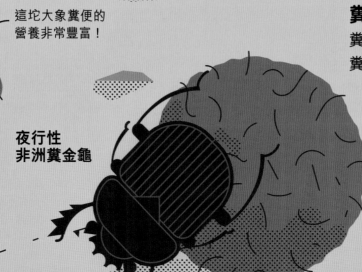

這坨大象糞便的營養非常豐富！

糞金龜

糞金龜會在體型較大的動物糞便中產卵。當每顆卵孵化後，幼蟲就可以吃糞便！糞金龜會把動物的糞便製成球形，並把它滾到安全的地方，然後在裏面產卵。

夜行性
非洲糞金龜

銀河系是一個包含着我們的星球和數十億顆恆星的星系。從地球上看，它就像一條橫跨夜空的灰白色河流。

仰望天空

其他動物也會利用夜空來導航，但不同的物種會尋找天空中不同的物體來導航。

飛蛾透過把月球的位置保持在同一個地方，確定自己是以直線飛行。但有時候牠們會把燈泡誤當成月球，然後繞着它飛行。

園林鶯利用星星，指引牠們在冬天時從歐洲或亞洲，長途跋涉遷徙到非洲。

保持直線行走

在滾好糞球後，為了防止其他糞金龜把糞球偷走，糞金龜會匆匆地逃離糞堆。要盡可能逃到更遠的地方，最好的方法就是以直線快跑。為了這樣做，糞金龜會觀察夜空中銀河的位置。

糞金龜要確定銀河保持在牠上方相同的位置。

為了確保走在正確的方向上，糞金龜需要看到星星。

如果糞金龜不盡快遠離糞堆，另一隻糞金龜就有可能把牠的糞球偷走！

如果天空太多雲令糞金龜看不到星星，牠便會迷失方向，然後一直繞圈圈！

大多數會打拳的動物都是依靠大塊肌肉來用力打的，但試想像一下，如果有辦法可以把所有儲存的能量一次過釋放出來，重拳一擊！雀尾螳螂蝦就是這樣做了。

每隻雀尾螳螂蝦都有兩個掠螯，準備好隨時可以出擊。

重拳出擊

雀尾螳螂蝦

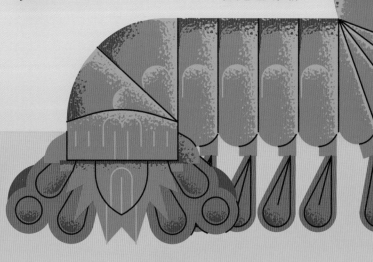

動作重播

雀尾螳螂蝦的出拳可以如此強勁，是因為牠利用了彈性能量。牠把能量儲存在掠螯的彈性外殼中，就像弓箭一樣，當掠螯被拉回時，彈性外殼會彎曲，準備好隨時可以發射！

彈性外殼彎成C形。

準備

在準備的時候，掠螯在適當的位置準備就緒，彎曲有彈性的外殼，以儲存彈性能量。

釋放

如果雀尾螳螂蝦鬆開牠的掠螯，牠那彎曲的外殼便會非常迅速地收回，並彈出掠螯，它的速度就如子彈般快。

雀尾螳螂蝦

雀尾螳螂蝦是致命的獵食者，牠們喜歡吃如螃蟹等的甲殼類動物，但首先牠們必須把獵物堅硬的外殼擊破。雀尾螳螂蝦運用稱為掠螯的棍棒形的手臂，對着獵物一揮拳便做到了。

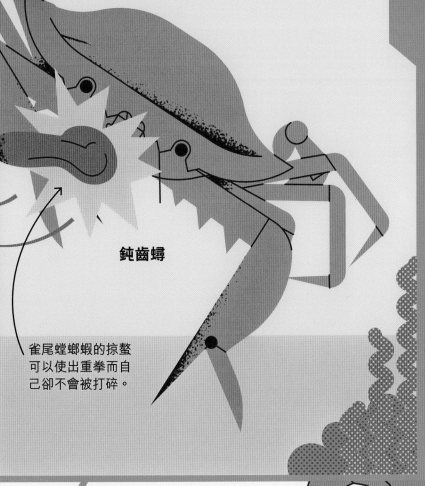

鈍齒蟳

雀尾螳螂蝦的掠螯可以使出重拳而自己卻不會被打碎。

不僅只有雀尾螳螂蝦才會儲存彈性能量使用，它對完全沒有肌肉的植物來說特別有用。

蕨類植物透過傳播種子狀的孢子來繁殖。一些蕨類植物會從能夠儲存彈性能量的特殊細胞中發射出孢子，這些細胞使孢子能在空氣飛翔。

槍蝦會快速射出牠們的巨螯，以造出具爆炸性的氣泡，把獵物擊昏。牠們所造出的爆破聲是動物界中最響的聲音之一。

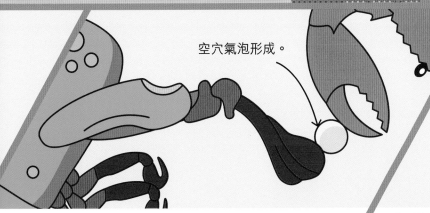

空穴氣泡形成。

碰撞

掠螯造成了巨大的力量，打碎了蟹殼。這股強大的衝擊能量甚至可以把水撕裂開，形成了空穴氣泡。

氣泡

空穴氣泡是低壓的氣袋，只能維持一瞬間，然後「砰」一聲的爆裂！這個衝擊過程所釋放出來的能量有助打碎螃蟹的殼。

人類主要靠視覺來判斷事物的位置，我們還可以透過聽見物體所發出的聲音，從而大致知道它的位置。蝙蝠卻把這項技能提升到另一個全新的層次！

當蝙蝠發出卡答聲時，聲波從牠口中傳出來。

靠聽覺看見萬物

大耳朵有助蝙蝠聽到即使是很微弱的回聲。

棕色長耳蝙蝠

蝙蝠

大多數蝙蝠都是在光線昏暗的晚上活動，所以牠們無法利用視覺來分辨四周的方向。取而代之牠們會發出聲音，並利用回聲建立周圍世界的畫面。

回聲定位

當蝙蝠發出卡答聲時，聲音會以聲波的形式從牠的口中傳出來。如果這些聲波擊中了某個物體，它們就會反彈回到蝙蝠那裏，蝙蝠就可以利用返回的聲音找出獵物的位置。獵物的距離越遠，卡答聲從蝙蝠口中發出去並回到蝙蝠那裏所花的時間便越長。

聲波會從物體如飛蛾等獵物反彈回去。

角影蛾

反射的聲音以回聲的方式傳回蝙蝠那裏。

方向

蝙蝠可以透過回聲首先到達哪個耳朵，來判斷聲音傳來的方向，並告訴蝙蝠該往哪裏飛才可以找到獵物。

使用回聲

回聲定位對處於難以看見的環境中非常有用。除了一些夜行性動物會利用回聲定位外，一些水生動物也會利用它。

海豚利用回聲定位來幫助牠們在光線昏暗的水底下也能夠看見。

油鴟在夜間及牠們居住的黑暗洞穴中，都是利用回聲定位來導航。

摺紙高手

很多落葉樹會在一年的終結前製造葉芽,準備好在來年的春天長出新葉子,但是葉子是怎樣裝進小小的葉芽裏呢?鵝耳櫪會把它們的葉子摺疊起來!在有正確規律摺疊的情況下,葉子能夠一動就彈開。

節省空間

在多天前,小小的葉芽便形成,準備好在適當的時候展開,捕捉春天的陽光。當葉子的脊狀物還在葉芽裏面時,它們會擠壓在一起,然後展開變平。

緊閉的葉芽

在早春時分,包裹整片微型版葉子的葉芽會緊緊地摺疊起來,並有保護罩包圍着它。

展開的脊狀物

葉子有交替排列的高低規律,並整齊地擠壓在一起。隨着葉子生長,褶皺開始張開。

不論是把翅膀摺疊起來還是展開新的葉子，很多生物都有能力把自己的身體部位壓縮在一個狹小的空間裏。

鵝耳櫪

當葉子張開時，脊狀物會變平。

螳螂巧妙地把牠們的翅膀摺疊起來，使翅膀剛好藏在背部的保護罩下。

鵝耳櫪

鵝耳櫪的葉子上面布滿了脊狀物，這些脊狀物就像摺紙中的摺痕一樣。每片葉子從緊緊地摺疊在葉芽內開始，然後隨着葉子變平而變得寬闊。

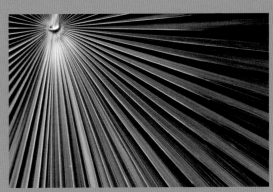

棕櫚樹葉子展開後有點像鵝耳櫪的葉子，但它們是呈扇形展開的，以製造一個寬闊的表面。

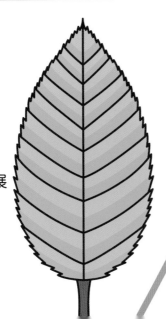

張開葉子

最終，葉子完全展開，變得平坦而寬闊。這種形狀的葉子有助植物捕捉更多陽光。

三浦摺疊

鵝耳櫪葉子的褶皺與三浦摺疊的規律很相似。這是一種特殊的摺紙方式，只需拉開兩個角便可以把紙展開。

蝸牛是分泌黏液的專家。黏液從蝸牛的腳慢慢滲出來，有助牠們四處走動，並黏住東西。但黏液實際上是怎樣做到的呢？

黏液有妙用

黏液有助保護蝸牛嬌嫩的腳。

蝸牛

蝸牛的身體柔軟而濕潤，牠們用肌肉發達的「腳」行走。當牠們在乾燥或粗糙的表面上爬行時，如果沒有黏液的幫助，牠們就會因為摩擦力太大而被卡住。

蝸牛的黏液除了使牠們能輕鬆地走動外，還具有黏性，有助蝸牛在陡峭的表面上爬行。

小灰蝸牛

黏液覆蓋在粗糙的表面上，使它變得光滑，方便移動。

減少摩擦力

摩擦力使兩個物體很難互相滑過，摩擦力來自物體表面的微觀粗糙度。可是如果物體表面之間有一層黏液，便能使物體輕鬆地互相滑過。蝸牛分泌的濃稠黏液可以在很多不同的表面上發揮功用。

黏乎乎的防禦術

滑溜溜的黏液除了方便移動外，也是防禦獵食者的好工具。滑溜溜的身體很難被緊緊的抓住，所以可以充當一件防護外衣。

盲鰻在受到攻擊時，會非常快速地製造出大量黏液，以堵塞鯊魚或其他獵食者的腮部。

小丑魚住在海葵中。雖然海葵螫人很痛，但是小丑魚身上有一層濃稠的黏液，可以防止牠們被刺痛。

鯊魚的皮膚

如果把鯊魚的皮膚放大，你就可以看到上面的脊狀物。這些不平坦的表面使藤壺和藻類更難以附在鯊魚身上，從而令鯊魚的皮膚保持清潔。

具保護性的表面

鯊魚的皮膚很粗糙，因為它布滿了像牙齒般的脊狀表面，稱為盾鱗。這些微小鱗片使藤壺和藻類難以附在鯊魚身上。一般來說，細菌在粗糙的表面上能生長得很好，但是科學家透過把鯊魚皮圖案縮小，研製出一種令細菌難以生長的物料。

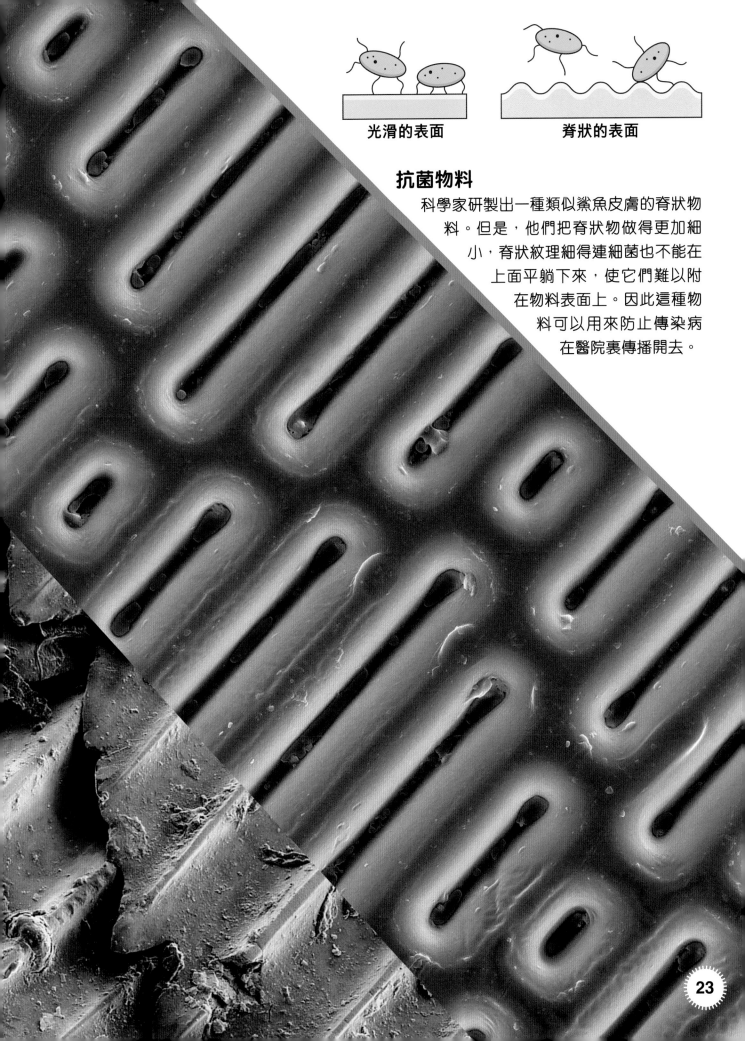

光滑的表面　　　　　脊狀的表面

抗菌物料

科學家研製出一種類似鯊魚皮膚的脊狀物
料。但是，他們把脊狀物做得更加細
小，脊狀紋理細得連細菌也不能在
上面平躺下來，使它們難以附
在物料表面上。因此這種物
料可以用來防止傳染病
在醫院裏傳播開去。

斑點還是條紋？

動物世界布滿了斑點和條紋！有些動物把這些圖案當作保護色，有些動物則把這些圖案用作警告，告訴獵食者牠們是很危險的！可是，牠們一開始是怎樣獲得這些圖案的呢？

大自然的斑紋

根據動物的外形及化學物質的移動速度，圖靈紋能創造出不同的斑紋設計。

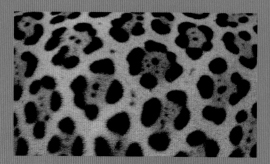

美洲豹的毛皮上有玫瑰形斑紋，這種斑紋非常適合美洲豹在雨林斑駁的光線中偽裝自己。

皇冠河豚的身上有迷宮般的斑紋，這種斑紋可能是警告獵食者的一種方式：河豚是有毒的。

斑馬

沒有人確實知道斑馬的身上為什麼會有獨特的條紋。一些科學家認為，這些圖案能使牛蠅產生混亂，令牠們更難以降落在斑馬身上。

每隻斑馬都有獨特的條紋圖案。

平原斑馬

圖靈紋

英國科學家艾倫・圖靈（Alan Turing）提出了關於斑馬怎樣獲得條紋的理論。原來這與斑馬仍在母腹時一個擴散到斑馬全身皮膚的化學反應有關。

出現斑點

起初，斑馬的毛皮是全黑的。兩種稱為形態決定因子的化學物質創造出條紋。第一種形態決定因子會產生白點，並擴散增大。

生長放緩

第二種形態決定因子，比第一種形態決定因子移動得較快，如同一種抑制劑，它會包圍着第一種形態決定因子，防止它擴散得太遠。

斑點合併

白色的大斑點會合併形成條紋，但另一方面抑制劑又防止它們徹底地接合。隨着兩種化學物質的擴散，條紋圖案便出現了。

埋葬蟲

腐肉
埋葬蟲會被動物屍體的腐肉吸引。牠們專吃腐肉，並在裏面產卵。

1

加熱
巨花魔芋會製造一種聞起來像腐肉的化學物質，以吸引埋葬蟲。巨花魔芋更會把自己加熱到接近攝氏37度，有助腐臭氣味散發。

臭氣沖天

很多植物透過提供甜甜的花蜜來吸引昆蟲為它們授粉。巨花魔芋也會誘惑昆蟲為它們授粉，可是昆蟲卻一無所獲！

巨花魔芋
巨花魔芋，又稱屍花，每隔幾年才開花一次，而每次開花只會維持數天。巨花魔芋的花序可高達2米以上，在花序的底部隱藏着雄花和雌花。巨花魔芋會發出一股屍體腐肉的氣味，以吸引授粉者！

巨花魔芋

完美偽裝

化學擬態是自然界中常見的現象。植物和動物會互相模仿，以吸引獵物或誘惑授粉者，就像巨花魔芋一樣。

蜂蘭看起來和聞起來都像雌蜂，所以能吸引雄蜂。當雄蜂降落在花朵上時，雄蜂便會沾上花粉。

流星鐘蜘蛛會製造一種聞起來像雌蛾的化學物質，能把雄蛾吸引過來，然後蜘蛛就會把雄蛾吃掉。

3

甲蟲偵探

埋葬蟲利用嗅覺找到腐肉，而巨花魔芋可怕的氣味會誘惑牠們，使牠們誤以為自己找到了食物的來源，於是趕緊走向它。

只要被埋葬蟲授粉，巨花魔芋的雌花就會變成果實。

2

劇臭襪子

巨花魔芋所製造的化學物質非常臭，包括了導致腳臭的化學物質和其他難聞的氣味。

4

傳粉

埋葬蟲沿着花序向下爬到花朵上。巨花魔芋的雄花在雌花上方，在這裏埋葬蟲的身上會沾上花粉。當埋葬蟲繼續移動時，牠們就會帶走花粉，從而使另一朵巨花魔芋授粉。

最強膠水

如果你曾經試過用膠水把東西黏在一起，你就知道保持所有東西清潔和乾爽是很重要的，否則膠水便無法發揮功用。那麼藤壺在水下是怎樣把自己黏在岩石上的呢？原來它也利用了化學原理！

藤壺的幼體被稱為腺介幼蟲。

腺介幼蟲的黏合劑

當腺介幼蟲找到一塊合適的岩石時，牠會噴出一種特殊的膠液，把自己永久地黏附在岩石上，但是膠液不能在潮濕的表面上發揮功用，因此藤壺首先必須把水推開。

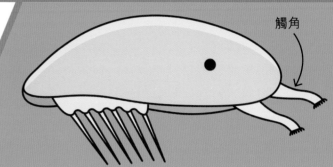

觸角

四處游動

腺介幼蟲在海牀四處游動，想找到一個可以永久定居的地方。牠利用牠的兩條觸角去感受適合的岩石。

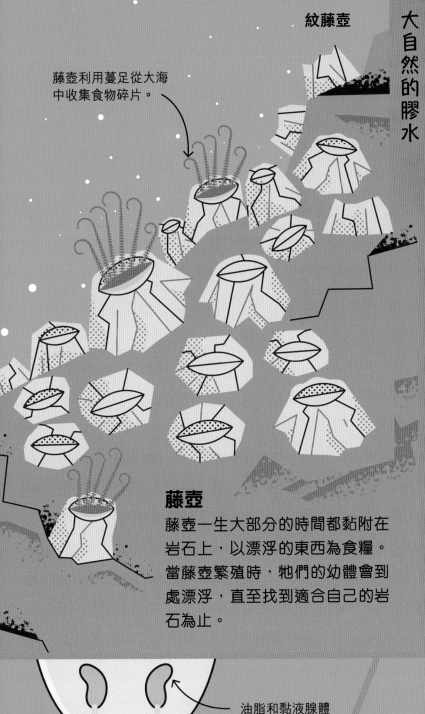

紋藤壺

藤壺利用蔓足從大海中收集食物碎片。

藤壺

藤壺一生大部分的時間都黏附在岩石上,以漂浮的東西為食糧。當藤壺繁殖時,牠們的幼體會到處漂浮,直至找到適合自己的岩石為止。

大自然的膠水

動物和植物會利用不同形態的膠水把自己黏附在物體的表面,有些還會利用膠水來捕捉獵物。

蜘蛛會製造不同種類的蜘蛛絲來進行不同的工作。網狀的蜘蛛絲布滿了水滴狀的膠水,可以用來捕捉蒼蠅。

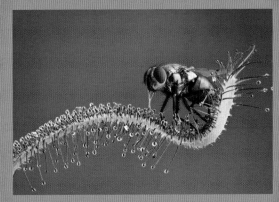

茅膏菜是一種以昆蟲為食的植物。它們會分泌很多小膠水斑點,使獵物降落後無法逃脫。

油脂和黏液腺體

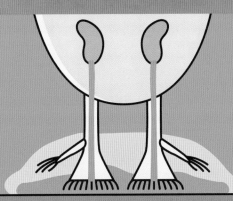

油脂

當腺介幼蟲找到合適的岩石時,牠就會噴出一小灘油。因為油和水不會混合在一起,所以水會從岩石表面被推開。

膠液

水被推開後,腺介幼蟲就可以分泌膠液把自己黏附在岩石上。一旦固定好,腺介幼蟲就可以變成成年藤壺。

螫人噴霧

放屁蟲

又稱投彈甲蟲的放屁蟲當被獵食者攻擊時，牠會從屁股噴出沸騰的噴霧，放屁蟲會把噴霧對準獵食者噴射。因此，即使青蛙確實地捕捉到了放屁蟲，牠通常還是會把放屁蟲吐出來。

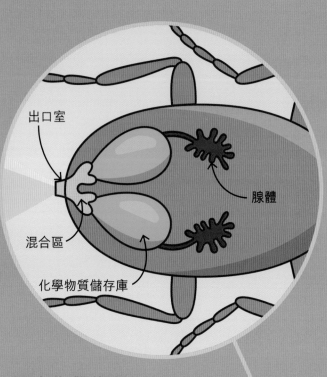

出口室

腺體

混合區

化學物質儲存庫

混合化學物質

放屁蟲能製造不同的化學物質，混合後會產生劇烈的化學反應；這些化學物質會在稱為腺體的液囊裏產生。為避免對放屁蟲造成傷害，這些化學物質是分開儲存在牠的體內。當放屁蟲感到有危險時，這些化學物質才會在混合區裏混合，然後從牠的身體「砰」的爆炸出來！

化學反應會產生大量的熱能，導致液體沸騰，而膨脹的氣體有助液體爆出體外。

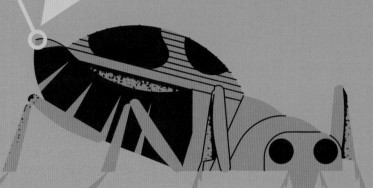

亞洲放屁蟲

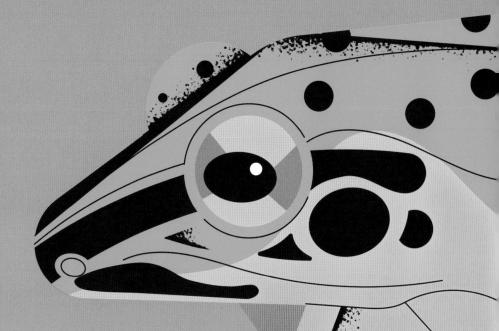

對一隻青蛙來說，放屁蟲真的很美味！所以這種狡猾的甲蟲已研製出一種具爆炸性的方法，來保護自己免受這些滑溜溜的獵食者攻擊，那就是牠會發射出一團高溫的液體。

黑斑蛙

青蛙的舌頭會被噴霧灼傷，並可能會引致發炎。

化學防禦

還有其他動物也懂得製造危險的化學物質。有些化學物質會使動物的味道變得不美味，有些化學物質的氣味實在太可怕了，令攻擊者落荒而逃！

臭鼬從牠們的屁股噴出一種奇臭無比的化學物質，使獵食者落荒而逃。

瓢蟲在受到攻擊時，會從牠們的關節處分泌出一種味道很可怕的黃色液體。

防凍專家

頭帶冰魚

冰晶

當水結冰時，它一開始是微小的冰晶，然後會越長越大。如果冰晶在魚的血液中形成，冰晶很快就會令魚的血液停止流動。

抗凍蛋白

冰魚會在牠們的血液裏製造一種稱為抗凍蛋白的分子，這些分子會附在小冰晶上，防止它們變大。

前往如南極的寒冷地區去探險的人們，有時會因極低的溫度而引致手指和腳趾受傷，稱為凍瘡。然而，有些生活在這些寒冷環境的魚類卻不會受到傷害。

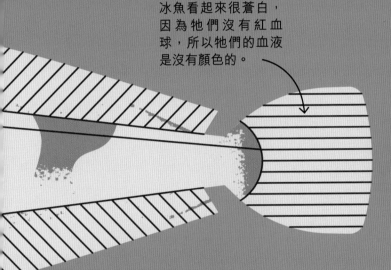

冰魚看起來很蒼白，因為牠們沒有紅血球，所以牠們的血液是沒有顏色的。

冰魚

這些冰魚生活在南極洲附近的寒冷水域裏，那裏的溫度能降至冰點以下。海水在略低於攝氏0度時會凍結，而那裏的溫度足夠寒冷致海水可以結冰。但是在冰魚的血液中有些化學物質，可以防止牠們的身體也跟着結冰。

寒冷的環境

在地球寒冷的極地地區住着大量的植物和動物，這些動植物必須適應這種會殺死大多數物種的環境以繼續生存。

赤松被甜甜的樹液充塞着，這種樹液只在非常低的溫度下才會結冰。樹液還含有抗凍蛋白。

北極絨毛熊蛾毛蟲在冬天時會製造一種化學物質，這種化學物質能保護牠們免受冰凍的傷害。

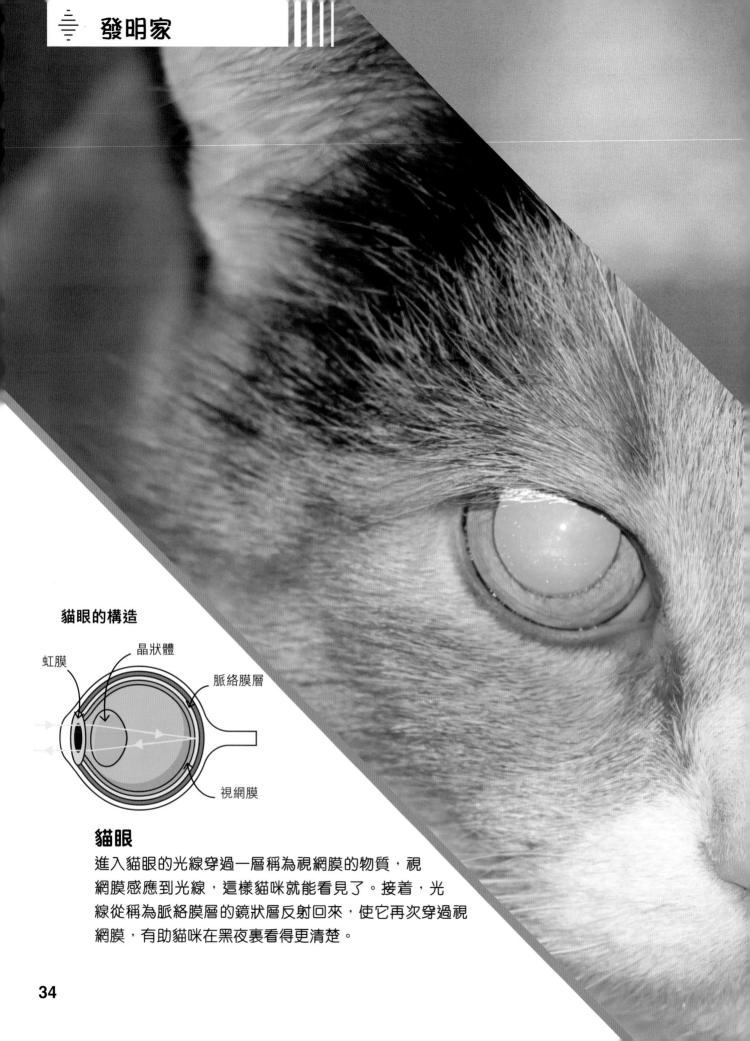

貓眼的構造

虹膜　　晶狀體

脈絡膜層

視網膜

貓眼

進入貓眼的光線穿過一層稱為視網膜的物質，視
網膜感應到光線，這樣貓咪就能看見了。接着，光
線從稱為脈絡膜層的鏡狀層反射回來，使它再次穿過視
網膜，有助貓咪在黑夜裏看得更清楚。

反光的路面

你曾經在晚上見過貓咪嗎？有時候貓咪的眼睛在晚上看起來好像在發光！其實是因為貓咪的眼睛會巧妙地反射光線而已。英國發明家珀西·肖（Percy Shaw）看到了這一點，於是研製出與這個運作模式相同的反光道路標記，使人們在黑夜裏駕車更安全。

路釘

在世界各地很多道路的路邊都設有一排排的特殊反光路釘。來自汽車車頭燈的光線會從路釘後面的鏡子反彈，並以光線進入時相同的方向射出來，返回汽車的位置，這設計使路釘對駕駛者來說顯得非常明亮。

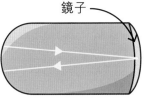

鏡子

路釘的構造

遙距控制

我們任何時間都在用電，電為我們家中的電器和我們隨身攜帶的電子產品提供動力。但其實不只是人類才會用電，有些動物能夠在牠們的體內產生電流，甚至可以用電來控制其他動物！

電鰻

電鰻生活在南美洲的河流中。牠們能夠在體內積存電能，並迅速地在水中放電，以電擊牠們的獵物。

帶電細胞

電是由帶電荷的微小移動粒子所組成。電鰻具有包含帶電粒子的特殊細胞，正極和負極的粒子像電池一樣堆積起來，準備好可以馬上電擊獵物。

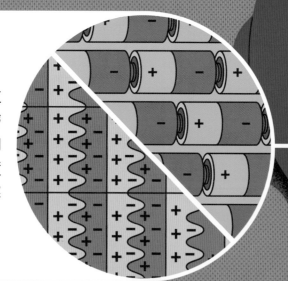

電鰻會發射出兩個電脈衝，使任何隱藏的魚兒抽搐。

獵物的肌肉會不由自主地繃緊，向電鰻洩露了自己的位置。

來自電鰻的電擊，其強度是你家中的電力兩倍以上。

超強電擊

肌肉是由體內的電子信號控制的，稱為神經系統。電鰻會利用自身的電力，令附近魚兒的肌肉抽搐，從而得知牠們的位置，然後電鰻會釋放出更大的電擊，把獵物擊暈，再吞下牠們。

癱瘓獵物

其他動物會利用化學物質而不是電力令牠們的獵物無法移動，這些動物利用了生物學來對付獵物。

地紋芋螺把胰島素（一種可降低血糖的化學物質）噴入水中，令經過的魚兒昏昏欲睡，使牠們更容易被捕獲。

雌性的歐洲狼蜂會用一種具麻痹效果的化學物質來叮螫蜜蜂，然後把蜜蜂帶回牠們的巢裏，讓牠們的幼蟲可以大口大口地吃。

喪屍蝸牛

寄生蟲是住在宿主生物內，並會對其造成傷害的生物。寄生蟲對宿主有害，是因為牠會吸取宿主的營養。一些寄生蟲找到了一種巧妙的方法，可以從一個宿主移到另一個宿主身上。

烏鶇

雀鳥宿主

寄生蟲在雀鳥的消化道內變成成蟲、交配，然後產卵。當雀鳥排便時，牠的糞便中已經充滿了彩蚴吸蟲的蟲卵。

寄生蟲

一些寄生蟲，例如彩蚴吸蟲，牠們一生中的部分時間會在雀鳥和蝸牛的體內度過。牠們面對的問題是怎樣從一個宿主移動到另一個宿主身上。牠們利用了巧妙的擬態，甚至是控制宿主大腦的方式來做到這一點！

這個孵化囊中盛滿了寄生蟲寶寶。

彩蚴吸蟲

美味的小吃

在蝸牛眼柄裏的孵化囊看起來就像一條肥美的毛毛蟲。鳥兒會啄食孵化囊，把裏面的寄生蟲吞下去。

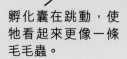

孵化囊在跳動，使牠看起來更像一條毛毛蟲。

蟲卵被吃掉

如果蝸牛吃了布滿受感染鳥糞的葉子，牠可能會意外地吃進了一些寄生蟲的蟲卵。

生命周期

彩蚴吸蟲會令琥珀蝸牛受到感染。如果一隻蝸牛的眼柄被獵食者吃掉了，它能夠重新長出來並再次被入侵。各種各樣的雀鳥，例如畫眉鳥、黑鳥等吃了受感染的眼柄後，就成了寄生蟲的新宿主。

赤琥珀螺

受感染的蝸牛

蟲卵會在蝸牛體裏孵化成幼蟲，然後爬到蝸牛的眼柄裏，形成一個使牠們能在裏面生長的孵化囊。

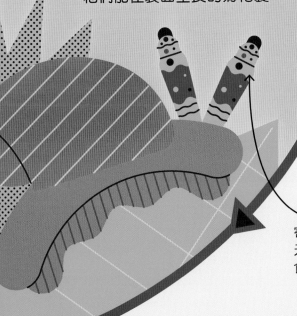

寄生蟲使蝸牛在白天出來活動，讓獵食者可以看到牠。

控制大腦

很多寄生蟲都會改變牠們宿主的行為，使牠們更有可能到處傳播。

弓形蟲只會在貓隻的體內繁殖。牠們會感染齧齒動物，並使齧齒動物減低對貓隻的恐懼感，令牠們更容易被貓隻吃掉。

偏側蛇蟲草菌會感染螞蟻，令牠們爬上一棵植物後，螞蟻便會死去，然後真菌就會釋放出種子狀的孢子，孢子會散播到新的受害者身上。

39

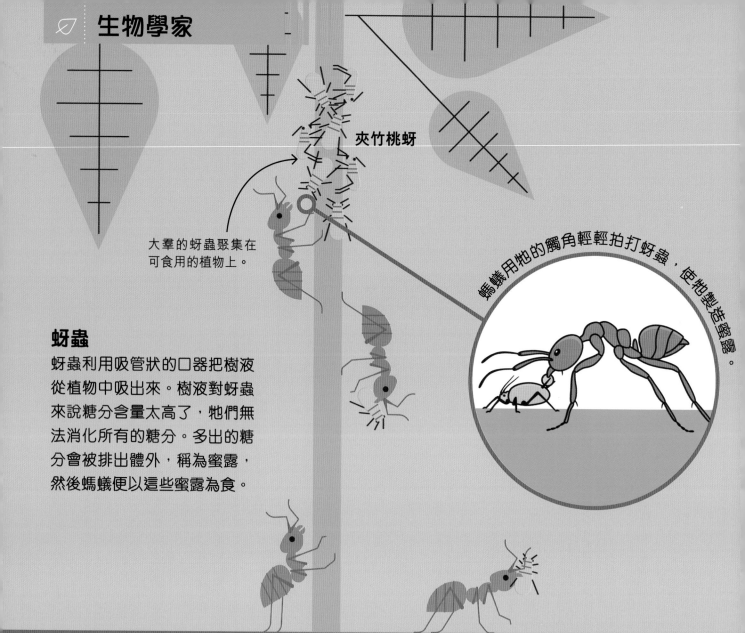

夾竹桃蚜

大羣的蚜蟲聚集在可食用的植物上。

螞蟻用牠的觸角輕輕拍打蚜蟲，使牠製造蜜露。

蚜蟲

蚜蟲利用吸管狀的口器把樹液從植物中吸出來。樹液對蚜蟲來說糖分含量太高了，牠們無法消化所有的糖分。多出的糖分會被排出體外，稱為蜜露，然後螞蟻便以這些蜜露為食。

螞蟻農夫

螞蟻與蚜蟲有着非比尋常的關係。蚜蟲十分擅長從植物中吸取糖分，但牠們並不擅長抵禦獵食者。於是牠們尋求螞蟻的幫助，以確保牠們的安全，而螞蟻則得到一些糖分作為回報。

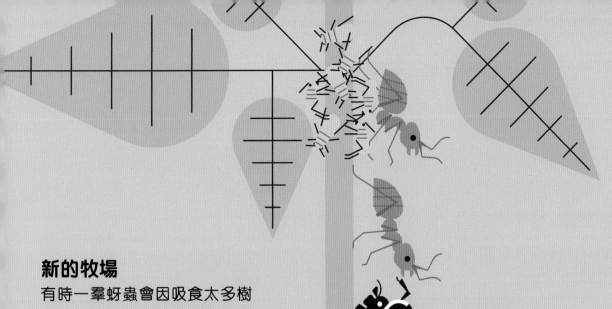

新的牧場

有時一羣蚜蟲會因吸食太多樹液而破壞了植物。當這種情況發生時，螞蟻會把蚜蟲搬到一棵新的植物上，讓牠們繼續製造蜜露。

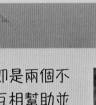

螞蟻用牠的顎部把蚜蟲搬到一棵新的植物上。

集棲瓢蟲

螞蟻

與沒有防衞能力的蚜蟲不同，螞蟻的顎部很有力，可以咬住東西。螞蟻利用牠們的力量保護蚜蟲免受例如瓢蟲等的獵食者侵害，因為蚜蟲提供了糖分給螞蟻作為回報。螞蟻和蚜蟲有互利共生關係，牠們都能從中受益。

阿根廷蟻

援助之手

互利共生即是兩個不同的物種互相幫助並受益。自然界中還有很多互利共生關係的例子。

疣面關公蟹把多刺的海膽帶在身上。海膽的刺可以保護螃蟹免受獵食者的攻擊，而海膽則可以搭一趟免費順風車到新的覓食地方去。

蜜蜂透過把花粉從一朵花帶到另一朵花，幫助植物製造種子來繁殖，而蜜蜂則從花中吸取花蜜作為回報。

植物教授

美國鼠兔

鼠兔是喜歡吃植物的小型哺乳類動物。有些鼠兔不分年月住在高高的山上，在那裏夏天有很多食物可吃，但冬天則什麼也沒有。所以鼠兔會在天氣溫暖的時候保存植物，使牠們能在冬天存活，直至春天到來。但是牠們怎樣確保食物不腐爛呢？原來牠們擁有一些有關植物的專業知識。

①

夏天菜單

在夏天，帕里三葉草和高山路邊青蓬勃生長。鼠兔目前只能吃三葉草，因為路邊青含有一種稱為苯酚的毒物。

②

收藏時間

鼠兔會收藏三葉草和路邊青。鼠兔把植物收藏在乾草堆中，並藏到石洞裏。路邊青接下來的幾個月都不能食用，但是它能好好保存到冬天。

鼠兔

鼠兔會收集大量的植物並儲存起來，紫色的帕里三葉草是牠們的最愛。可是它很快就會腐爛，不能儲存太久；黃色的高山路邊青在儲存初期含有有毒的化學物質，但這些有毒物質有助保持植物新鮮。

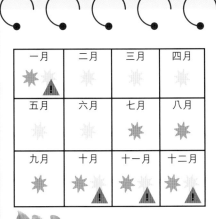

一月	二月	三月	四月
✳🔺	✳	✳	✳
五月	六月	七月	八月
✳	✳	✳	✳
九月	十月	十一月	十二月
✳	✳🔺	✳🔺	🔺⚠

帕里三葉草

高山路邊青

利用植物

鼠兔並不是唯一了解植物的動物。其他動物也懂得儲存植物，甚至懂得利用植物作為藥物！

橡樹啄木鳥會在秋天收集橡果，牠們會預先選定樹幹並鑽洞，然後把橡果儲存在已經鑽好的樹洞中。這些橡果足夠供啄木鳥在整個冬天食用。

大猩猩懂得利用某些植物作為藥物，牠們會吞下一些多毛的葉子，幫助牠們消滅腸道中的寄生蟲。

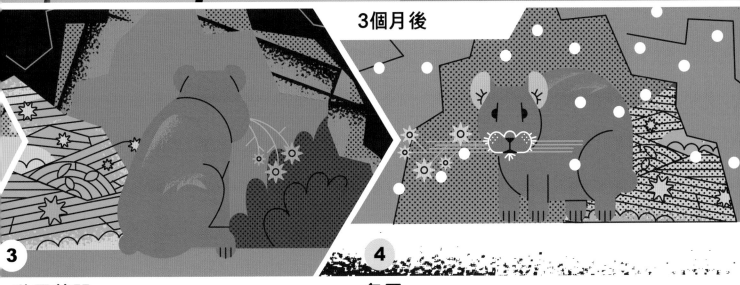

3個月後

3

4

秋天菜單

秋天，鼠兔開始進食之前儲存的三葉草。但是路邊青的毒性仍然太強，還不可以吃，而三葉草則要在腐爛之前全部吃掉。

冬天

三葉草被吃光了，不過現在路邊青裏有毒的苯酚已經消失，可以安全食用了。這樣鼠兔就可以飽足地度過冬天了。

辣的感覺

如果你曾經吃過辛辣的食物，你就知道辣椒可以很辣！然而，鳥類喜歡吃多少辣椒就吃多少，因為牠們感覺不到辣。這是辣椒植物聰明的適應方法，有助它們傳播種子。

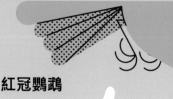

紅冠鸚鵡

鳥類感覺不到辣椒中的辛辣，所以牠們可以很開心地吃辣椒，包括它們的種子。

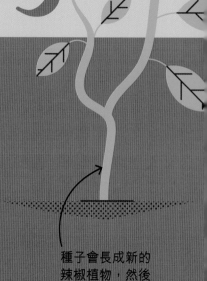

辣椒

辣椒

辣椒果實中有植物想要傳播出去的種子，才能令新的辣椒植物生長。就算鳥兒吃了辣椒，牠的消化道也不會損壞種子，種子會隨鳥糞完整地排泄出來。當鳥兒飛走時，就能把種子帶到很遠的地方，對植物的傳播有益處。

當鳥兒排泄出沒損壞的種子時，種子已準備好可以發芽了。

鳥糞為種子提供營養，有助它們生長。

種子會長成新的辣椒植物，然後重複這個循環。

味道不好的化學物質通常被植物和動物用作為一種防衛機制，使自己不會被吃掉；而這些化學物質中部分更是有毒的。

金合歡樹能夠在它們的葉子裏製造一種稱為丹寧的化學物質。它的味道很可怕，可以防止草食性動物吃掉它們。

帝王斑蝶把馬利筋中的毒素儲存在體內，令獵食者覺得帝王斑蝶很難吃。

辣椒素分子可觸發哺乳類動物舌頭的神經。

黑掌蜘蛛猴

哺乳類動物的舌頭

辣椒中含有一種叫做辣椒素的特殊分子，能令哺乳類動物的舌頭感到又熱又痛。這對辣椒植物來說是有益處的，因為哺乳類動物的消化道會破壞辣椒種子，假如被食用後就不能再生長了。而鳥的舌頭不會感覺到辣椒素，所以牠不會覺得辣。

降噪的子彈火車

日本的子彈火車是世界上最快的火車之一。但是當火車駛離隧道時，就會產生了一個問題：因為火車前面的空氣受到行駛中的火車擠壓，它們會發出巨大的隆隆聲。為了減低火車前面的氣壓，科學家轉向大自然尋找靈感。

火車頭

透過模仿翠鳥喙的形狀，500系列子彈火車能更容易穿過空氣，可以防止氣壓在隧道中積聚，而巨大的隆隆聲噪音也消減了。

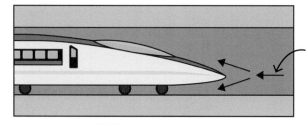

氣流

隧道中的子彈火車

翠鳥喙

翠鳥是潛水高手。牠們先用喙俯衝入水捕魚。牠們的喙形狀很特別，能減少對水面的影響。這種鳥潛水時幾乎不會濺起水花，而且牠們的速度也不會減慢太多。

翠鳥俯衝入水

水流

織網好手

蜘蛛是技術精湛的工程師。牠們能織出幾乎看不見但極為堅固的精密蜘蛛網。蜘蛛成功的秘訣在於牠能製造出不同類型的蜘蛛絲，從彈性到黏性，每種蜘蛛絲都有不同的特性。

如果用一條蜘蛛絲圍繞地球一周，它的重量也只有一個罐頭湯那麼重！

蜘蛛絲的圈套

一些蜘蛛以非常獨特的方式運用牠們的蜘蛛絲，它的彈性使它非常適合用來誘捕獵物。

鬼面蛛會在蜘蛛絲以外製造一個網，牠們把這個網掛在腳上隨時候命。當獵物在附近經過時，蜘蛛會迅速地把網撒向獵物。

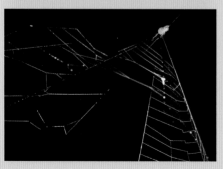

彈弓蜘蛛把牠們的網當作橡皮筋一樣使用：把自己先拉回有彈性的蜘蛛絲中，然後對準獵物再發射出去。

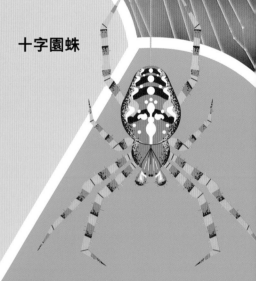

十字園蛛

蜘蛛

蜘蛛利用蜘蛛絲搭建的蜘蛛網是為了捕捉昆蟲來吃。牠們能製造出不同的蜘蛛絲來做不同的工作。有些蜘蛛絲比較結實，能支撐起蜘蛛網；有些蜘蛛絲帶有黏性，能幫助捕捉獵物。

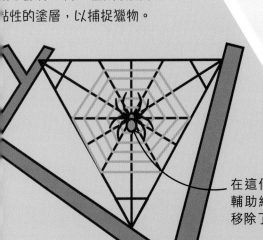

第1步
蜘蛛利用結實的蜘蛛絲來搭建網的框架。首先，牠在兩個支架之間織出一條筆直且水平的絲線，接着在下方織出第二條長一點的絲線。

第2步
蜘蛛織出第三條垂直的絲線，並把較長的那條絲線往下拉。這三條絲線被連結起來構成一個呈三角形的框架。

在每個角加上可穩定的絲線。

第3步
接下來，蜘蛛從網的中心向三角形的邊緣織出輻射線。

第4步
然後，蜘蛛利用另一種較有彈性的蜘蛛絲，織出一個螺旋形，作為最後步驟的輔助線。

第5步
蜘蛛向內織網，織出另一個由兩種蜘蛛絲製成的螺旋形。其中一種形成蜘蛛網的核心部分，另一種則製成帶黏性的塗層，以捕捉獵物。

在這個步驟中，輔助線螺旋形被移除了。

蜘蛛從中間開始向外織網。

49

內置齒輪

在我們想到各種偉大的發明之前，植物和動物已經想出來了。你或許看過單車上的齒輪，我們以前認為齒輪並不存在於自然界中，但是有一種小昆蟲，一直都在利用齒輪助牠直直的跳起來！

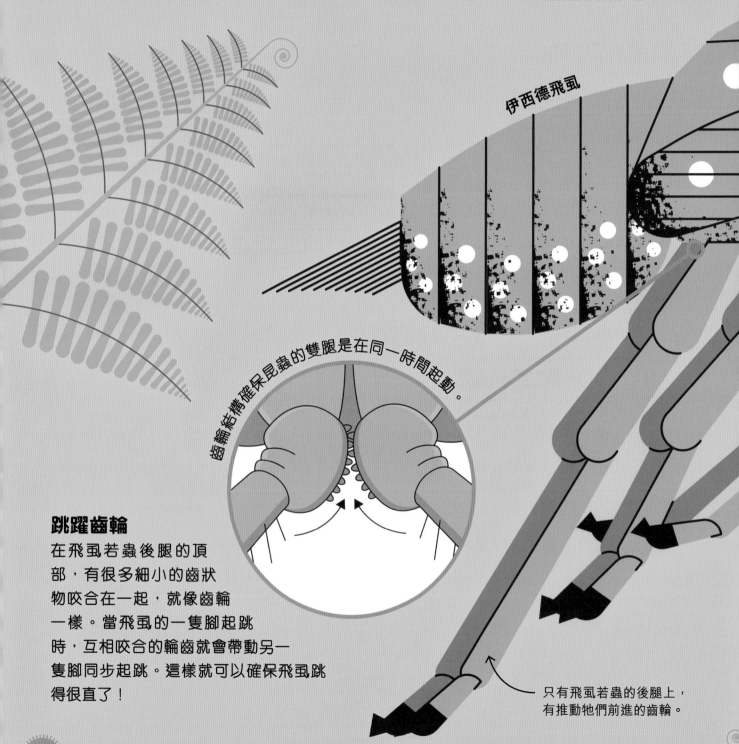

伊西德飛虱

齒輪結構確保昆蟲的雙腿是在同一時間起動。

跳躍齒輪

在飛虱若蟲後腿的頂部，有很多細小的齒狀物咬合在一起，就像齒輪一樣。當飛虱的一隻腳起跳時，互相咬合的輪齒就會帶動另一隻腳同步起跳。這樣就可以確保飛虱跳得很直了！

只有飛虱若蟲的後腿上，有推動牠們前進的齒輪。

飛虱

這種昆蟲住在植物上，靠吸取含糖分的汁液生存。如果要走動的話，牠們會利用強而有力的後腿跳躍。有一點很重要的是，牠們的雙腿要在同一時間離地，才可以直跳起來。牠們當中有一個物種的若蟲，就利用齒輪解決了這個問題。

飛虱並不是唯一會利用聰明機械裝置的生物。動物發明家也會利用例如槓桿、摩打等不同的機械裝置。

紅袋鼠有長長的後腿，可以充當槓桿。牠們的腿以腳掌為支點發力，幫助牠們作遠距離跳躍。

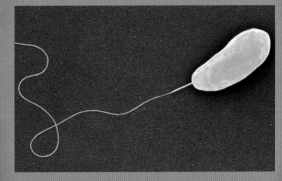

細菌通常長有鞭毛，它是一條幼長的尾巴，有助細菌移動。鞭毛的作用就像螺旋槳一樣，靠細菌裏的摩打旋轉。

飛虱的成蟲沒有齒輪，因為與若蟲的齒輪不同，它們無法再更換。所以如果齒輪壞掉了，對成蟲來說就完全沒有用處了。

羣居織巢鳥

巢穴設計師

大自然充滿了建築師。動物建造房子是為了給自己提供住處和保護牠們的家庭。羣居織巢鳥是一個很好的例子。牠們會一起合作搭建由樹枝和草製成的巨大公共鳥巢。

織巢鳥

羣居織巢鳥生活在非洲的南部，那裏的冬天很冷，夏天卻很熱。這種鳥會共同築巢，巢內有很多巢室，可以在炎熱時保持涼快，在寒冷時保持溫暖。

最好的巢

動物利用各種天然材料來築巢，包括植物和泥土。這些建築物可以保護牠們不受天氣影響。

白蟻住在巨大的泥土堆中。牠們在泥土堆的裏面建造了一個精細的通道網絡，使巢穴在烈日下也能保持涼快。

美國短吻鱷像雀鳥一樣會築巢。牠們用枯萎的植物把巢穴堆得高高的，令巢穴變得溫暖。

保持溫暖

織巢鳥家庭在巢內有自己的巢室。最好的巢室位於中央，能與周圍的巢隔開，有助保持溫度穩定。

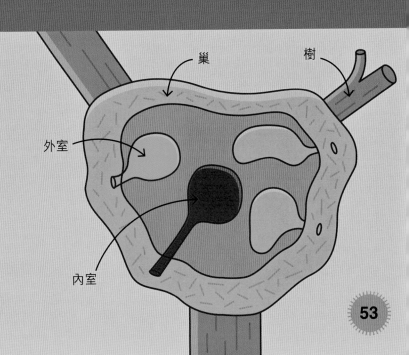

巢

樹

外室

內室

堤壩建築大師

河狸十分勤勞。牠們會重造景觀來切合自己的需要。河狸利用堅固的牙齒咬伐樹木，使它們倒塌下來，然後利用木頭在河上築壩。結果是什麼？就是河狸可以擁有自己的私人湖泊。

河狸的門牙是橙色的，因為門牙含有鐵質，使它們變得更堅固！

形成湖泊

為了建造自己的家，河狸家族首先必須在河上建造水壩。水壩把河水擋住了，使水壩上游的區域充滿了水，形成一個新的湖泊，然後河狸在新的湖泊裏建造一間小屋來居住。

建造水壩前

這條河可以自由地流動。之後，河狸建造了一個水壩。

河狸

河狸的家族在河流上築壩，使河流擴展成湖泊。然後，水生的河狸可以圍繞着泛濫的森林游泳，靠收集樹枝和樹皮為食，以及免受獵食者的侵害。

美洲河狸

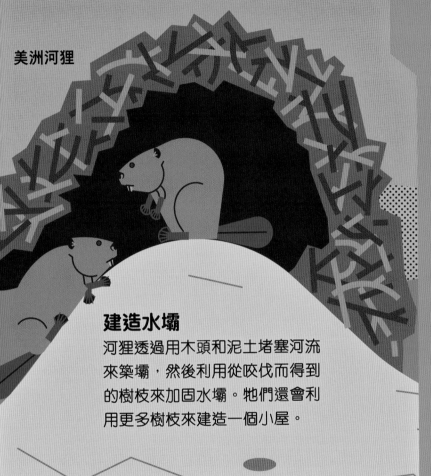

建造水壩

河狸透過用木頭和泥土堵塞河流來築壩，然後利用從咬伐而得到的樹枝來加固水壩。牠們還會利用更多樹枝來建造一個小屋。

河狸並不是唯一會顯着地改變牠們生活環境的生物。

草場蟻很少在地面上被見到。牠們會在一堆堆的泥土裏建立羣落，這些泥土堆可以形成很多座迷你山丘，覆蓋一整片草地。

林木幾乎捕獲了所有從上方而來的陽光，所以陽光無法照到地面。因此植物在這裏難以生長，這就改變了林木下面的環境。

河狸建造了一間小屋，住在裏面。小屋的入口設在水下，以幫助河狸避開獵食者的侵襲。

水壩是用樹枝和泥土建造的。

建造水壩後

這條河被水壩擋住了，它衝破河岸，形成了一個湖泊。然後河狸在湖裏建造了一間小屋。

追蹤太陽的電板

太陽能板可以把陽光轉化為電能。當陽光直接照在太陽能板上時,它們便能發揮最大的功用。然而,太陽在一整天裏會從東向西移動。有些葉子會不斷追蹤着太陽,因為它們需要陽光來製造食物。每片葉子透過緩慢地傾斜它的葉柄來做到這一點,所以葉子會跟着天空中的太陽移動。現在,有些太陽能板也能這樣做了!

棉葉

棉葉葉柄裏的細胞在背向太陽時會膨脹,這使葉子向光彎曲。為了使細胞膨脹或收縮,水會被泵進或泵出細胞。

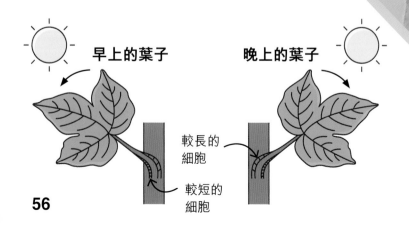

早上的葉子　晚上的葉子

較長的細胞

較短的細胞

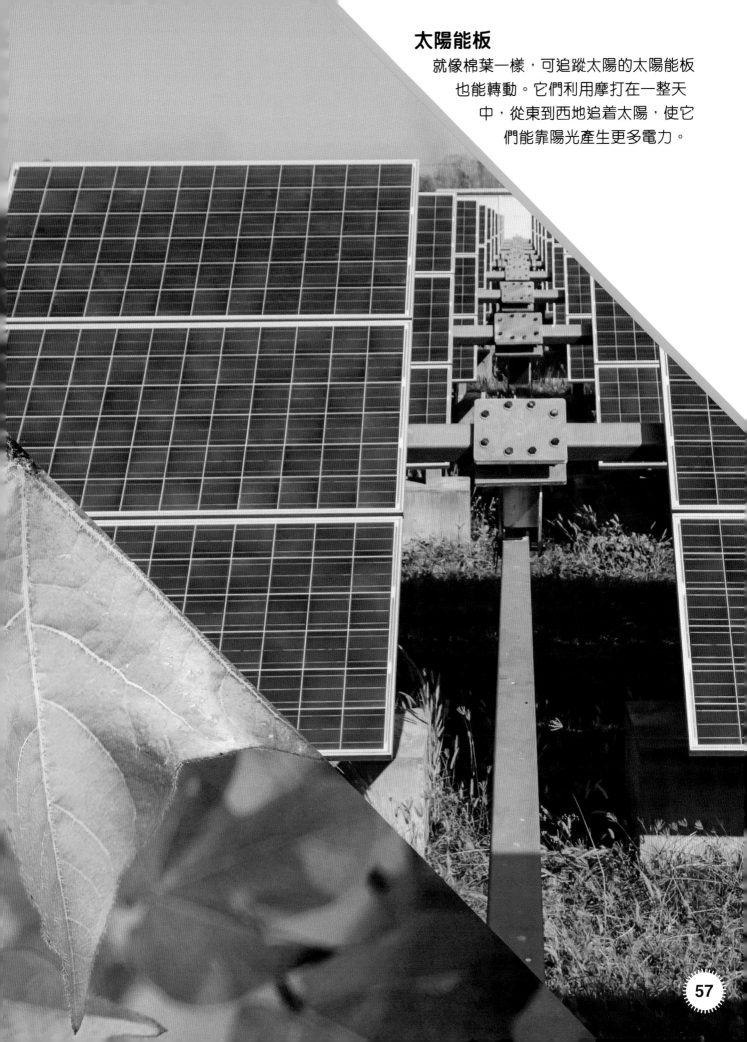

太陽能板

就像棉葉一樣，可追蹤太陽的太陽能板也能轉動。它們利用摩打在一整天中，從東到西地追着太陽，使它們能靠陽光產生更多電力。

歐洲蜜蜂

六面的多邊形

　　有六條相等邊長的形狀稱為正六邊形。正六邊形具有非常特殊的數學屬性。蜜蜂知道了正六邊形的秘密，所以牠們利用這種形狀來建造房子。

蜜蜂

成年的蜜蜂會一起工作，製造出很多可容納蜂蜜或蜜蜂幼蟲的小容器。牠們用蜂蠟來建造這些容器，然後把它們全部疊起來，形成蜂巢。

重複的規律

你可以在自然界中找到很多規律。正六邊形是一種常見的規律，因為它們的結構能把物體有效地擠在一起。

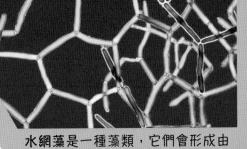

水網藻是一種藻類，它們會形成由六邊形和五邊形組成的網狀羣落。

昆蟲長有**複眼**，而每隻眼睛都是由很多微小的正六邊形鏡片擠在一起而組成的。

正六邊形

蜜蜂利用正六邊形來製造蜂巢，因為正六邊形可以緊密地結合在一起而不會留下任何空隙。雖然正方形和等邊三角形也可以緊密地結合在一起，但是對於一個相同大小的容器來說，它們比正六邊形需要用較多的蜂蠟作間隔。

正六邊形容器可以與相鄰的容器共用牆壁作間隔，所以只需要較少的蜂蠟。

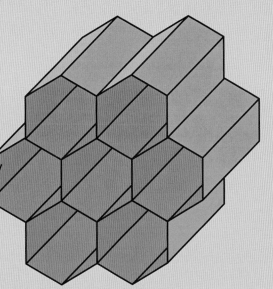

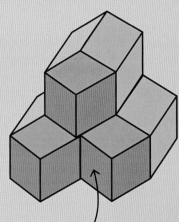

兩層蜂巢背靠背地建造。容器的末端是尖尖的，因此兩層蜂巢能緊緊地貼合在一起，也節省了蜂蠟。

會數數的蟬

一種稱為周期蟬的蟲子具有非常獨特的生命周期。這種蟬會在地下潛伏確切的年數，然後一大羣全部一起破土而出。牠們這樣做是為了確保至少其中有一些可以生存，因為很多動物都發現蟬非常美味。

紫翅椋鳥

鳥類，例如紫翅椋鳥，是成年蟬的獵食者。

蟬的若蟲以樹根裏含糖的汁液為糧食。

法老蟬

灰松鼠

包括灰松鼠等的哺乳類動物也參加了蟬的盛宴。

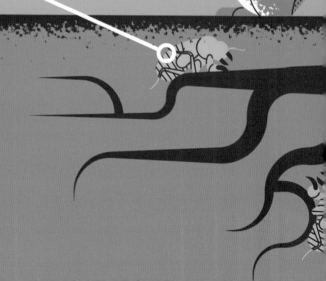

質數

13和17都是質數，代表它們不能被較小的整數整除。科學家認為，在地下潛伏了一個質數的年數，意味着對於生命周期較短的獵食者來說，蟬會在不同的時間出現。

躲避死亡

蟬是優秀的數學家，因為很少動物會使用質數。但是，有些動物會改變牠們的活動時間，以避開獵食者。

梅里亞姆更格盧鼠會避免在滿月時出來尋找食物，因為夜行性獵食者在明亮的月光下會更容易發現牠們。

白尾鹿與幼鹿會在白天覓食，而不會在黎明和黃昏時覓食，以避免土狼攻擊幼鹿。

周期蟬

周期蟬的若蟲在地下潛伏了13或17年，然後變成了成蟲，一大羣一起出現。這些成蟲只能活幾個星期，在這段時間牠們會進行交配和產卵。這一大羣成蟲會吸引很多飢餓的獵食者。

殺蟬泥蜂

殺蟬泥蜂是一種黃蜂。這種黃蜂會把牠的卵注入成年蟬裏面。黃蜂的卵孵化後，便以仍然活着的蟬為糧食。

數年數

法老蟬每17年出現一次。蟬的若蟲是怎樣知道這17年已經過去了呢？至今還沒有人能確定，牠們可能是靠計算賴以為食的樹根汁液的年度變化而知道。

殺手機關

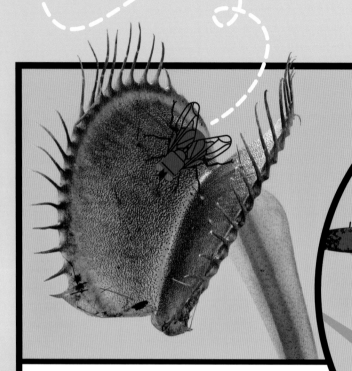

①

蒼蠅駕到
捕蠅草的葉子末端有帶刺的陷阱。這陷阱透過像水果的氣味來吸引蒼蠅。

毛髮被觸發
每個陷阱裏有六根觸發毛。如果一根觸發毛被碰到，沒有事情會發生，因為那可能只是一滴雨。

加起來

計算觸動的次數，對於捕蠅草來說是一個絕妙的技巧，但還有其他動物也是不錯的計數好手。

非洲獵犬被認為會以計算選票來決定何時進行捕獵。牠們是透過打噴嚏來投票的！

獅子透過計算牠們聽到多少次清晰的吼叫聲，來判斷隔鄰的獅羣中有較多或較少獅子在裏面。

捕蠅草是肉食性植物，即是它們會吃動物！當蒼蠅降落在捕蠅草上時，陷阱便會關上，所以蒼蠅無法逃脫。但是捕蠅草是怎樣知道有蒼蠅降落在它身上，而不是一滴雨呢？這與數數有關。

捕蠅草

捕蠅草生活在一些土壤貧瘠的地區。為了獲得營養，它們會使用陷阱捕捉昆蟲來吃。捕蠅草透過計算特殊觸發毛被觸動的次數，來感知陷阱中的獵物。

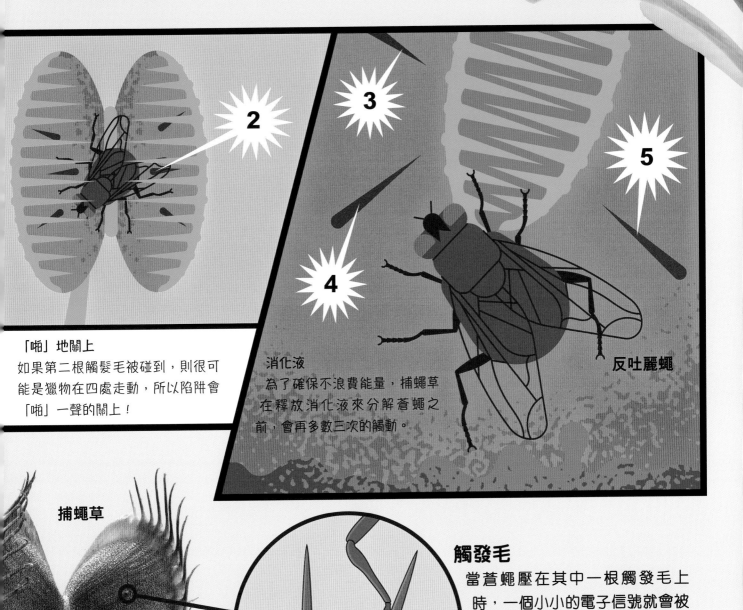

「啪」地關上
如果第二根觸髮毛被碰到，則很可能是獵物在四處走動，所以陷阱會「啪」一聲的關上！

消化液
為了確保不浪費能量，捕蠅草在釋放消化液來分解蒼蠅之前，會再多數三次的觸動。

反吐麗蠅

捕蠅草

觸發毛

當蒼蠅壓在其中一根觸發毛上時，一個小小的電子信號就會被傳送到葉子中。如果在20秒內觸動了兩根觸發毛，這兩個信號就會使陷阱關上。

向日葵序列

你可以在自然界中看到很多規律，例如斑馬身上的條紋或蜜蜂的蜂巢。有時候，這些規律會遵循數學的規則。向日葵有美麗的螺旋形花盤，其實這個螺旋形花盤也遵循着一個特定的數列。

向日葵

向日葵

向日葵實際上是由很多較小的花朵組成。在中央的花盤裏可能有數百朵小花，而每朵小花都可以變成一顆種子。這些花以緊密的螺旋狀排列，因此不會浪費任何空間。

花瓣的數量遵循着斐波那契數列。在這裏，有34片。

在自然界中到處都可以發現斐波那契數列，因為很多植物和動物都需要最有效地使用空間。

松果把它們的鱗片排列成斐波那契螺旋形。像向日葵一樣，這樣有助它們裝進更多種子。

寶塔花菜的花螺旋是由較小的螺旋形組成的，而這些螺旋形則是由更小的螺旋形組成的！

螺旋形向兩個不同的方向延伸。

斐波那契數列

如果你數一數螺旋形的數量，你總是會從這個數列中獲得一個數字：1、1、2、3、5、8、13、21、34、55……在這個數列中，下一個數字是前兩個數字加在一起的和，稱為斐波那契數列。它在花朵之間產生的浪費空間是最小的。這個序列是以意大利數學家斐波那契（Fibonacci）命名的。

防水布料

發明家已經想出一個
方法，能賦予布料具有荷
葉的防水性質。這種布料就
像荷葉一樣，布滿了很多微小的
凸起物。使用這種布料製成的衣服
不容易被弄髒，因為液體會從它們上面
流走！

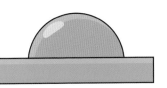

表面光滑的葉子

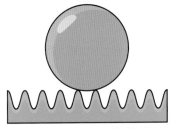

表面崎嶇不平的葉子

荷葉

大多數的葉子都有一層蠟質塗層，這塗層使它們擁有防水的功能，或者呈疏水性。但是，荷葉上面還布滿了微小的凸起物，使它具有超強的防水性。這些凸起物可以使較少的水接觸到葉子表面，令水滴直接從葉子上滾下來。

讓水流走的物料

你是否曾察覺到水帶有黏性？例如，下雨時，你會看到水滴依附在玻璃窗上。一些植物，例如像睡蓮一樣的荷花，已經找到一種避開水的黏性的方法，令水滴從它們表面流走，使葉子保持乾爽。

詞彙表

藻類 alga
一種類似植物的生物，能從陽光獲得能量。藻類通常在水中找到。

抗凍蛋白 antifreeze protein
由一些生物製造的大分子，可防止冰塊在生物的體內形成。

水生的 aquatic
意指住在水中的生物。

細菌 bacteria
由單個細胞組成的簡單生物。

生物學 biology
研究生物的學科。

仿生 biomimicry
當發明家複製他們在自然界中所看到的事物，以創造出新的製造或做事的方式。

偽裝 camouflage
動物身上的毛皮、鱗片、羽毛或皮膚的圖案和顏色，有助動物隱藏起來。

肉食性 carnivorous
意指以動物為食。

細胞 cell
生物的微小組成單位。所有生物都是由微小的細胞組成，而有些生物只有一個細胞。

化學品 chemical
有着固定化學成分的物質。

化學 chemistry
研究化學物質及它們之間的反應的學科。

壓疊 concertina
沿着交替的山峯和低谷摺疊。

甲殼類動物 crustacean
一些節肢動物門的統稱，如螃蟹、蝦和藤壺。共同點是牠們都有一個堅硬的外殼。

晶體 crystal
礦物的自然形狀。

腺介幼蟲 cyprid
藤壺的幼體。

落葉樹 deciduous
在秋冬季間失去所有葉子的樹木。

回聲定位 echolocation
透過製造聲音並聆聽反射的聲音或回聲，來判斷物體位置的方法。

彈性能量 elastic energy
當它們被拉長或擠壓時，儲存在具彈性物體中的能量，例如橡皮筋。

工程 engineering
研究機器、建築物和結構的學科。

斐波那契數列
Fibonacci sequence
數字的序列。在這個數列中，每個數字都是前面兩個數字相加的結果：1、1、2、3、5、8、13、21、34，餘此類推。它是由數學家斐波那契發現的。

摩擦力 friction
因為物體表面是粗糙的，此力會使物體彼此之間較難滑動。

星系 galaxy
一群龐大的恆星、行星和其他天體。

腺體 gland
動物體內的液囊，能製造特殊的化學物質。

蜜露 honeydew

一種帶甜味、黏乎乎的物質，由蚜蟲製造，會被螞蟻吃掉。

疏水性 hydrophobic

一種會排斥水的特性。水不會黏附在呈疏水性的表面上。

隔熱 insulation

透過困住熱量，幫助保持空間溫暖。

幼蟲 larva

某些動物的幼體，包括昆蟲、兩棲類動物和甲殼類動物。動物從卵裡孵化出來後，就被稱為幼蟲。

數學 mathematics

研究數字和形狀的學科。

遷徙 migration

動物為了找食物或繁殖下一代而遷往新的地區。

分子 molecule

化學物質的粒子。

共生關係 mutualism

當兩種不同的生物因互相幫助而得益的關係，例如蜜蜂和植物。

花蜜 nectar

由花朵製造的帶甜味的物質，以吸引授粉者。

夜行性 nocturnal

在晚上活動並在白天休息的動物。

若蟲 nymph

一些昆蟲在還沒完全成長前的生命階段。

物理 physics

研究物質或東西是由什麼組成和能量的學科。

毒物 poison

會造成傷害的物質。

授粉者 pollinator

在花朵之間傳播花粉的動物，例如蜜蜂。

質數 prime number

不能由兩個較小的整數相乘所得的整數。

科學家 scientist

研究科學例如物理、化學、生物等學科的人。

聲波 sound wave

聲能的移動。聲音是透過粒子被擠壓在一起和拉開形成的波移動的。

物種 species

一組形態相似、並可以繁殖及擁有後代的生物羣落。

表面張力 surface tension

一種使液體（例如水）的表面具有彈性的力。

脈絡膜層 tapetum lucidum

位於一些動物（例如貓）眼睛後部的反射層。

領土 territory

由一特定動物或一羣動物守衛的區域。

圖靈紋 Turing pattern

在某些動物（例如斑馬）身上出現的圖紋，是由科學家艾倫·圖靈提出的。

鳴謝

The publisher would like to thank the following people for their assistance in the preparation of this book: Caroline Hunt for proofreading and Helen Peters for the index.

Steve Mould would like to dedicate this book to his Dad, Roger Mould.

The publisher would like to thank the following for their kind permission to reproduce their photographs:

(Key: a-above; b-below/bottom; c-centre; f-far; l-left; r-right; t-top)

4 Alamy Stock Photo: Greg Forcey. **8 Alamy Stock Photo:** imageBROKER / Marko von der Osten (t). **9 Alamy Stock Photo:** blickwinkel / W. Layer (cra); Paulo Oliveira (cr); imageBROKER / Marko von der Osten (c). **10 iStockphoto.com:** JanMiko (bl). **11 Alamy Stock Photo:** Kim Taylor / naturepl.com (cr); Amelia Martin (cra). **13 Alamy Stock Photo:** Steve Hellerstein (cra); Nature Photographers Ltd (cr). **14 Alamy Stock Photo:** imageBROKER / Norbert Probst (tr). **15 Alamy Stock Photo:** blickwinkel (cra); Helmut Corneli (cr). **16 Alamy Stock Photo:** AGAMI Photo Agency / Theo Douma (r). **17 Alamy Stock Photo:** imageBROKER / SeaTops (cr). **naturepl.com:** Thomas Marent (br). **18-19 123RF.com:** sara tassan mazzocco. **19 Alamy Stock Photo:** Abstract Photography (cr); Panther Media GmbH (cra). **20-21 Dreamstime.com:** Sarah2. **21 Alamy Stock Photo:** Mark Conlin (bc); Reinhard Dirscherl (br). **22-23 Science Photo Library:** Pascal Goetgheluck (shark skin); Ted Kinsman. **24 Alamy Stock Photo:** National Geographic Image Collection / Steve WinterDate (bc); Panther Media GmbH / gabriella (br). **24-25 Dreamstime.com:** Lano Angelo (c). **26 Alamy Stock Photo:** Gerry Bishop (br). **iStockphoto.com:** CreativeNature_nl (bc). **26-27 Alamy Stock Photo:** Reynold Sumayku. **27 Alamy Stock Photo:** Matthew Ferris (b). **28 Dreamstime.com:** Jesada Wongsa (cl). **Science Photo Library:** Wim Van Egmond (ca). **29 iStockphoto.com:** avagyanlevon (cra); Cathy Keifer (cr). **30 naturepl.com:** Nature Production (cra). **31 Dreamstime.com:** Geoffrey Kuchera (bc). **32 Getty Images:** Doug Allan / Oxford Scientific (tl). **33 Alamy Stock Photo:** blickwinkel / Kaufung (bc); Galaxiid (br). **34-35 123RF.com:** Vitaliy Parts. **Alamy Stock Photo:** Studio Octavio (cat eye reflector). **37 Alamy Stock Photo:** Helmut Corneli (bc).

iStockphoto.com: Henrik_L (br). **38 Alamy Stock Photo:** Frank Hecker (bl). **39 Alamy Stock Photo:** Morley Read (crb). **Dreamstime.com:** Ileana - Marcela Bosogea - Tudor (cr). **40 Alamy Stock Photo:** Nigel Cattlin (clb); WildPictures (bl). **41 Alamy Stock Photo:** RGB Ventures / SuperStock (bc). **iStockphoto.com:** schnuddel (br). **42 Alamy Stock Photo:** Greg Forcey. **43 Alamy Stock Photo:** Drake Fleege (c); Nature and Science (cl); William Leaman (tr). **iStockphoto.com:** Richard Gray (cr). **44 Alamy Stock Photo:** steven gillis hd9 imaging (tl). **45 Alamy Stock Photo:** Natalia Kuzmina (tr); David Wall (tc). **46-47 4Corners:** Isao Kuroda / AFLO / 4Corners (bridge). **Dreamstime.com:** Amreshm. **48 Dreamstime.com:** Peter Waters (clb). **naturepl.com:** Emanuele Biggi (bl). **48-49 Dreamstime.com:** Kviktor (c). **51 Alamy Stock Photo:** age fotostock / Carlos Ordoñez (b). **Getty Images:** Freder (cra). **Science Photo Library:** Steve Gschmeissner (cr). **52-53 Alamy Stock Photo:** jbdodane. **53 Alamy Stock Photo:** Volodymyr Burdiak (cra). **Getty Images:** R. Andrew Odum / Photodisc (cr). **54 Dreamstime.com:** Jnjhuz (bl). **55 Alamy Stock Photo:** Derek Croucher (cr); Steve Taylor ARPS (tr). **56-57 123RF.com:** Kampan Butsho (solar panel). **Alamy Stock Photo:** Design Pics Inc / Debra Ferguson / AgStock. **59 Alamy Stock Photo:** Luciano Richino (cra); M I (Spike) Walker (ca). **61 Alamy Stock Photo:** Clarence Holmes Wildlife (c); Fred LaBounty (cr); Rick & Nora Bowers (cra). **62 iStockphoto.com:** Tommy_McNeeley (br); Utopia_88 (bc). **63 iStockphoto.com:** de-kay (tr). **64-65 iStockphoto.com:** GA161076 (c). **66-67 Dreamstime.com:** Phakamas Aunmuang (Dew drop). **Science Photo Library:** Pascal Goetgheluck

Cover images: *Front:* **Alamy Stock Photo:** vkstudio bc; **Getty Images:** Jeroen Stel / Photolibrary tc; *Back:* **Alamy Stock Photo:** Greg Forcey bl.

All other images © Dorling Kindersley
For further information see: www.dkimages.com